ESSAI
SUR LA CONSTRUCTION
DES
BALLONS AÉROSTATIQUES,
ET SUR
LA MANIERE DE LES DIRIGER.

ESSAI
SUR LA CONSTRUCTION
DES
BALLONS AÉROSTATIQUES
ET SUR
LA MANIERE DE LES DIRIGER.

PAR M. GUYOT.

A PARIS,
Chez l'Auteur, rue du Faubourg Saint-Martin,
vis-à-vis l'Hôtel des Arts;
Et chez GUEFFIER, Libraire-Imprimeur,
au bas de la rue de la Harpe.

M. DCC. LXXXIV.

ESSAI SUR LA CONSTRUCTION DES BALLONS AÉROSTATIQUES ET SUR LA MANIERE DE LES DIRIGER.

L'INGÉNIEUSE invention des Ballons aérostatiques, toute nouvelle quelle est (1), a déjà fait des progrès très-rapides; & cela ne pouvoit être autrement dans un siecle où toutes les Sciences sont cultivées, non-seulement par ceux qui en font leur état, mais encore par quantité d'autres de tous rangs

(1) C'est au mois de Juin 1783, que MM. de Montgolfier ont fait, à Annonay en Vivarais, leur premiere expérience.

qui se sont mutuellement empressés d'avoir part à la perfection de cette découverte, qui paroîtroit fabuleuse à nos descendans, si elle ne se trouvoit pas authentiquement consignée dans les écrits qui ont paru & paroîtront sur cet objet.

Il est actuellement deux manieres très-différentes de construire & de remplir ces aérostats; & les esprits sont si fort animés sur cette invention, qu'il ne seroit pas extraordinaire qu'on en imaginât une troisieme.

Le succès des expériences faites avec ces deux méthodes est tel, qu'on peut, avec l'une ou l'autre, descendre ou monter à sa volonté; & c'est déjà avoir beaucoup fait. Il ne reste plus, pour espérer de rendre cette découverte utile, qu'à trouver le moyen de les diriger. On ne peut cependant le dissimuler, ces deux différentes constructions ne sont pas exemptes de dangers (1); l'une à celui du feu; l'autre

---

(1) Sans la présence d'esprit de M. Pilatre des Rozier & du Marquis d'Arlandes, la Machine partie de la Muette (la premiere avec laquelle on ait osé s'enlever), tomboit sur le Faubourg Saint-Germain. Celle de Lyon a tombé précipitamment; & il n'étoit pas au pouvoir de ceux qui y ont monté de l'empêcher de tomber dans le Rhône, si elle se fût portée de ce côté. Celle que M. Blanchard devoit diriger, est

peut être ſujette à une exploſion occaſionée par la dilatation de l'air qui y eſt renfermé, ſoit que l'aréoſtat ſe trouve dans un air plus léger, ſoit qu'il ſe trouve dans un air plus chaud.

Il eſt donc très-eſſentiel de chercher à éviter ces deux dangers (1), ſans quoi cette découverte ſe réduiroit à peu de choſe eu égard à l'avantage qu'on prétend en retirer. Le tems ſeul nous apprendra donc à quoi on doit s'en tenir, & ce tems n'eſt ſans doute pas fort éloigné: cette découverte fixant l'attention, & occupant pour ainſi dire toutes les compagnies ſavantes & les Phyſiciens de l'Europe, ne doit pas tarder à être portée au point de perfection dont elle peut être ſuſceptible; il a même déjà paru des Ouvrages importans ſur cette matiere (2). Il en paroîtra d'autres ſans doute, & c'eſt de l'aſſemblage de tous ces matériaux épars, & des eſſais qui

---

deſcendue très-près de la riviere; il n'y a que celle de MM. Charles & Robert qui ait été exempte de danger.

(1) La ſoupape employée par MM. Charles & Robert, peut remédier au danger de l'exploſion.

(2) Le Mémoire lu à l'Académie des Sciences par M. le Comte de Milly, & l'Ouvrage de M. Faujas de Saint-Fond.

feront faits; que doit naître la poſſibilité, ou l'impoſſibilité de naviguer en l'air, qui eſt le but où l'on veut parvenir.

Il n'eſt point queſtion dans cet eſſai, en ſuppoſant la choſe poſſible, d'examiner quels feroient les avantages qui en réſulteroient pour la ſociété. Il ne faut point partager la dépouille de l'Ours avant de l'avoir tué. Il s'agit ſeulement de voir ſi l'on peut eſpérer de diriger ces machines à ſon gré & ſans aucun danger.

Il eſt certain que celui qui, pour la premiere fois, verroit d'un côté un navire s'éloigner du rivage de la mer dans un tems orageux, & de l'autre s'élever tranquillement dans l'air le navire ſuſpendu au ballon de M. Charles & Robert préféreroit à ſe trouver dans ce dernier, & que faute de connoître la maniere dont on a conſtruit ce vaiſſeau pour le mettre à l'abri de l'orage, il jugeroit qu'il y auroit bien moins de danger à tomber doucement ſur la terre, qu'à être englouti dans les flots; mais il eſt d'autres examens à faire: le moindre petit navire peut porter beaucoup plus qu'une machine aéroſtatique infiniment plus grande; elle peut, à la vérité, ne pas courir un danger fort imminent ſur terre, mais s'il falloit traverſer les mers, elle courroit le plus grand risque ; sur terre elle n'auroit aucun avantage sur les voitures ordinaires dont on se sert pour le transport, à cause du volume considérable qu'il faudroit lui donner & il ne lui resteroit (en supposant qu'on pût la diriger) que celui de la célérité ; encore faudroit-il se resteindre à celles qui ne devant transporter qu'une ou deux personnes, ne sont pas absolument grandes, attendu que l'effort du vent sur des masses trop étendues, l'emporteroit toujours sur les moyens de direction qu'on pourroit employer. Il est certain qu'il est des usages importans auxquels on peut l'appliquer, même dans son état actuel de perfection ; on peut, dans une place assiégée, s'élever avec cette machine à la hauteur nécessaire pour découvrir le travail & les dispositions militaires des assiégeans ; on peut faire des signaux qui seroient vus de très-loin. Si on parvient à la diriger, on pourra donner des avis plus prompts dans des endroits où des circonstances particulieres empêcheroient d'y parvenir par tout autre moyen : on pourra faire des recherches sur des montagnes inaccessibles. Il en résultera aussi de nouvelles connoissances sur différentes parties de la Physique, & à tous ces avantages se joindront plusieurs autres à mesure que cette invention se perfectionnera.

C'est dans la vue de contribuer au succès de cette découverte, qu'on présente ici la construction d'une machine qu'on puisse diriger au moyen du vent, & qui indépendamment de sa simplicité, peut être adapté aux deux especes d'aréostats qu'on a construit jusqu'ici. Il est à remarquer qu'en usant de ce moyen il est nécessaire que les aréostats ne s'élevent pas au-dessus des nuages : s'ils s'élevoient plus haut, il ne se trouveroit plus de vent pour leur procurer leur direction (1).

CONSTRUCTION

Des Ballons aérostatiques suivant la méthode de MM. de Mongolfier.

CES BALLONS se font en toile d'un tissu assez serré, & plus ou moins légere eu égard à la grandeur qu'on veut leur donner; on les peint à détrempe afin d'en boucher plus

(1) L'Aréostat de MM. Charles & Robert a parcouru 10 lieues en une heure & demie, parce qu'il ne s'est pas tenu au-dessus des nuages; aulieu que celui dans lequel a monté M. Blanchard, ne s'est pas beaucoup écarté, ayant presque toujours été au-dessus du vent.

exactement les pores : lorsqu'ils sont remplis, le gaz ou l'air dilaté qu'ils contiennent est à l'air atmosphérique à peu-près (1) comme 1 est à 2. C'est donc d'après ce rapport comparé au poids du Ballon, qu'il faut calculer sa force d'ascension, c'est-à-dire le poids qu'il peut soulever, en considérant que le baromètre étant à 28 pouces, le pied cube d'air atmosphérique pese environ 10 gros (2).

A l'égard de la forme qu'on peut leur donner, elle n'est pas indifférente; il convient de choisir celle qui, avec moins de surface, contient plus d'espace; & alors la forme sphérique devroit être préférable; mais elle

(1) On dit à peu-près, parce qu'il paroît que c'est la raréfaction de l'air atmosphérique qui est la principale cause de leur ascension, & que conséquemment plus ou moins de chaleur les rend plus ou moins légers.

(2) Les Aréostats construits suivant la méthode de MM. Charles & Robert peuvent porter un poids égal à ceux de MM. de Mongolfier, avec un volume bien moindre, attendu que l'air inflammable dont on les remplit, est à l'air atmosphérique comme 4 est à 5, & qu'on peut les faire en taffetas ou autre matiere fort légere; mais d'un autre côté ils sont bien plus dispendieux, & il en coûte beaucoup pour les remplir.

n'eſt pas la plus avantageuſe ſi l'on veut diriger l'aréoſtat, qui eſt l'objet qu'on ſe propoſe pour tirer quelque utilité de cette découverte. On penſe qu'on pourroit lui donner une figure dont la partie ſupérieure & inférieure feroit un ovale fort alongé par une de ces extrémités A. (*Voyez fig.* 1. *Pl. I.* ~~& *II.*~~) & entourée d'une enveloppe circulaire de hauteur convenable. On feroit à la partie inférieure B de ce Ballon, deux ouvertures circulaires C & C, dont le diamètre feroit proportionné à la grandeur du Ballon, & d'où pendroient deux eſpeces d'entonnoirs de tôle D D, au bas deſquels feroient ſuſpendus les deux fourneaux FF, deſtinés à introduire & à entretenir dans l'intérieur de l'aréoſtat la chaleur néceſſaire pour en raréfier l'air au degré convenable pour le faire monter ou deſcendre au gré du conducteur. Il conviendroit auſſi de ſuſpendre à la partie ſupérieure de l'aréoſtat deux grands couvercles de tôle GG, qu'on placeroit directement au-deſſus des deux entonnoirs, afin que la chaleur qui ſe porte toujours à la partie ſupérieure de l'aréoſtat ne puiſſe y mettre le feu. (*Voyez la fig.* 2.) qui repréſente la coupe intérieure de cet aréoſtat.

La toile qui doit former l'enveloppe circulaire doit être difpofée & coufue par bandes perpendiculaires à fa bafe, & chaque couture doit être garnie d'un petit cordeau qui fervira à foutenir la galerie qu'on doit fufpendre au-deffous du Ballon. (*V. fig.* 2.) Les fourneaux FF que l'on fufpendra au-deffous de ces deux entonnoirs, & un peu au-deffous des ouvertures circulaires, doivent être d'un diamètre plus petit qu'elles, & être entourés d'une plaque circulaire de tôle E, affez grande pour recevoir les particules embrafées qui, fans cette précaution, pourroient tomber fur la galerie.

Il convient encore de pratiquer à l'enveloppe inférieure de l'aréoftat & entre l'efpace qui fe trouve entre les deux entonnoirs, une ouverture I (*fig.* 1.), affez grande pour découvrir fi le feu ne caufe pas quelque accident ou dommage à la toile, afin d'être en état d'y remédier fur le champ.

La forme des fourneaux doit dépendre des matieres qu'on emploiera pour chauffer le Ballon : on penfe que pour n'être pas obligé de les alimenter trop fouvent, & ne pas s'en charger de beaucoup, on peut fe fervir des petites buchettes de bois de fapin dont on rempliroit le fourneau, & fur lefquelles on verferoit un peu d'huile de tems en tems, aumoyen d'un vaſe de fer blanc L fermé & ayant un goulot M (*Voyez fig. 3.*). De cette maniere, il ne s'éleveroit que de la flamme dans l'intérieur de l'aréoſtat, & on ne craindroit pas le danger du feu, puiſqu'il n'y tomberoit pas de flamêche, & que la flamme ne pourroit toucher la toile, par l'attention qu'on auroit à ce que les entonnoirs ſoient aſſez élevés au-deſſus de la partie inférieure de la toile, qui pourroit encore être garnie d'un grand cercle de fer blanc : d'un autre côté en verſant plus ou moins d'huile on diminueroit ou l'on augmenteroit à volonté la chaleur, & conſéquemment on feroit monter ou deſcendre l'aréoſtat comme on le jugeroit convenable. On peut auſſi ſe ſervir du charbon qui ne ſeroit pas ſujet aux inconvéniens du feu, ſuivant le procédé de M. le Marquis de Bullion.

Il eſt aiſé de voir que, ſuivant cette forme, l'aréoſtat préſentera toujours au vent le côté de l'ovale qui ſe termine en pointe, & qu'il ſe dirigera ſuivant la ligne AB (*V. fig. 1. & 2.*).

On ſuſpendra aux cordeaux (1) pendans à

---

(1) Ces cordeaux doivent rentrer plus ou moins en deſſous de la partie inférieure de la toile, ſuivant la grandeur de la galerie.

l'enveloppe circulaire, une galerie plus ou moins considérable, eu égard à la grandeur de l'aréostat & au poids qu'il peut supporter; elle peut être faite d'osier garnie de perches par intervalles, afin de lui donner une solidité suffisante. A l'égard de la forme qu'il convient de lui donner, elle est indifférente, pourvu que du côté qui doit être tourné vers la pointe de l'ovale, elle ne présente pas au vent une surface capable de déranger la marche de l'aréostat.

A l'extrêmité de cette galerie & en dehors du côté où l'ovale a le plus de largeur, on établira une voile (fig. 2. Pl. 1.), soutenue par la perche ou mât A, la piece OO qui porte la voile doit être mobile & retenue par la corde PP; on attachera à l'extrémité inférieure de cette voile & aux deux extrémités de la piece O, quatre cordages pour la faire mouvoir de côté ou d'autre à volonté.

Il est aisé de concevoir, d'après cette disposition, que le vent venant de A & dirigeant l'aréostat le long de la ligne AB (*fig.* 4), si l'on donne à cette voile l'inclinaison CD, il faut nécessairement qu'il quitte cette direction pour aller vers E; on peut donc, par ce moyen, s'en écarter plus ou moins selon le degré d'inclinaison qu'on voudra employer;

de maniere qu'avec un vent du nord on pourra aller vers le sud-est ou le sud-ouest (1).

Le poids de l'air atmosphérique étant à celui qui est contenu & raréfié dans l'aréostat comme 2 est à 1 (lorsqu'il est échauffé à un degré suffisant pour se gonfler), & l'air atmosphérique pesant 10 gros le pied cube dans son état ordinaire, il en résulte qu'une capacité intérieure d'une toise cube, écartant pareil volume d'air atmosphérique, cette quantité tend à élever l'aréostat avec une force de 8 livres & demie; par conséquent un Ballon dans la forme proposée contenant une toise cube, ne pourroit s'élever (2), puisque la surface, qui seroit de 200 pieds ~~cubes~~, peseroit, à 2 onces le pied quarré, 22 livres: il faut donc nécessairement faire ces aréostats beaucoup plus grands, afin que la pesanteur de

(1) Il seroit difficile, avec cette voile & ce même vent, de faire route à l'est; mais on pourroit employer peut-être avec succès une forte colypile, qui, étant placée convenablement, feroit aller l'aréostat vers le côté opposé; de même que, dans les expériences physiques, elle fait reculer le petit chariot sur lequel elle est montée.

(2) Ce Ballon auroit environ 8 pieds sur 5 dans sa plus grande largeur, & 5 de hauteur.

Planche 1re Pag. 12.

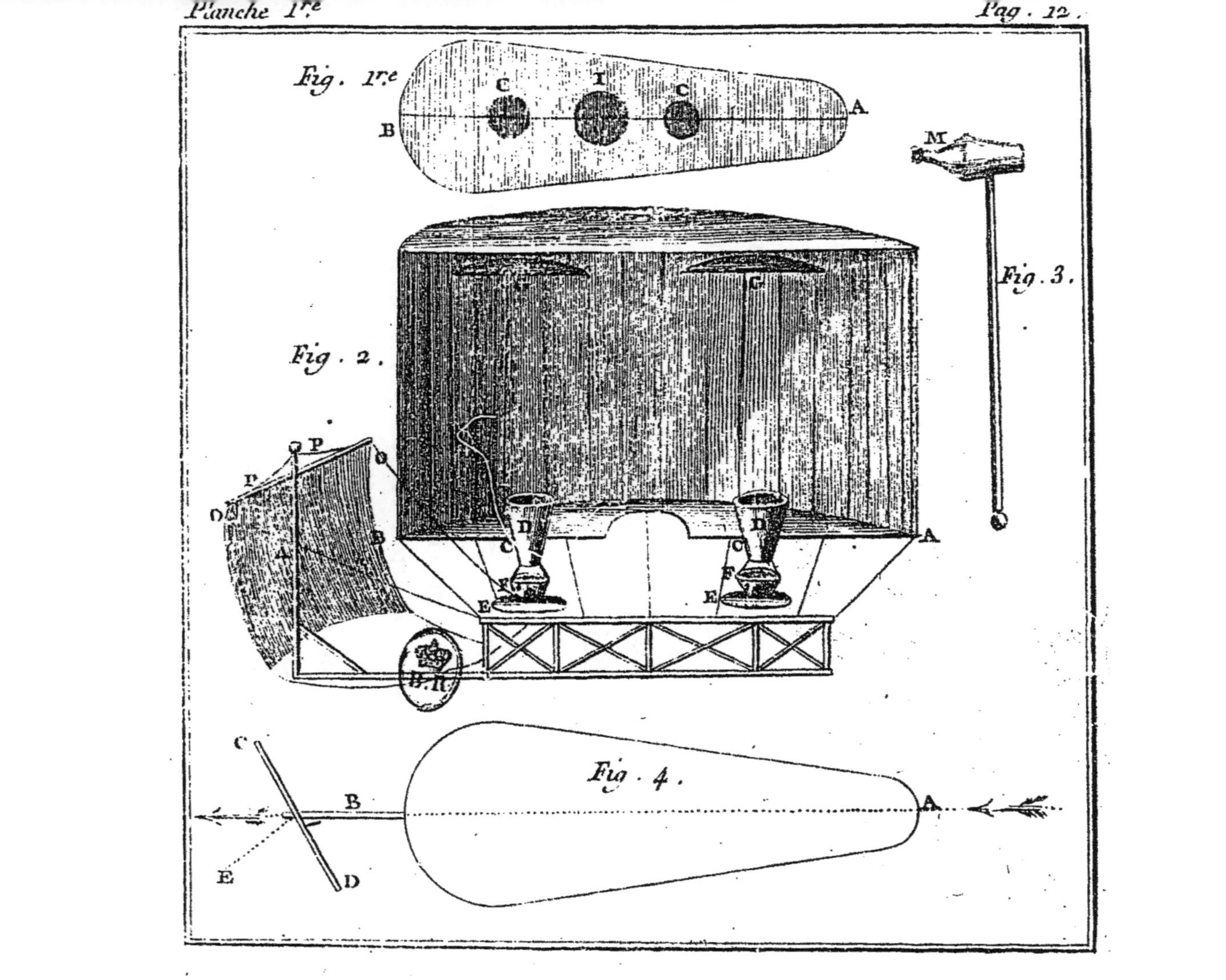

leur enveloppe n'excede pas la force avec laquelle doit agir l'air déplacé.

La table ci-après fait voir qu'il eſt néceſſaire qu'un Ballon de cette eſpece contienne 27 toiſes cubes, pour avoir une force ſuffiſante pour s'élever malgré le poids de ſon enveloppe (1), & qu'il faut qu'il en contienne 125 au moins pour que deux perſonnes puiſſent monter avec lui. On voit auſſi qu'un pareil Ballon, contenant 1000 toiſes cubes, & qui auroit 80 pieds de long ſur 50 de large & 50 de hauteur, ne pourroit ſoulever qu'un poids de 6000, malgré cette énorme dimenſion; d'où l'on peut conclure que jamais cette découverte ne peut être employée à tranſporter des objets d'un poids un peu conſidérable.

---

(1) On obſerve qu'il n'eſt ici queſtion que du poids de la toile dont on feroit l'enveloppe, & qu'il faut déduire encore, de la force d'aſcenſion, le poids des cordeaux, fourneaux & galeries qu'on ajoutera au Ballon, ainſi que celui des hommes qui doivent monter avec lui, & des objets qu'ils emporteroient pour alimenter le feu.

TABLE

De la force d'ascension des Aréostats de MM. de Montgolfier, eu égard à leur capacité & au poids de leur enveloppe.

DIMENSIONS.

LONGUEUR.	LARGEUR.	HAUTEUR.	CONTENU en toises cubes.	FORCE d'ascension.	POIDS de l'enveloppe.	FORCE restante.
pieds.	pieds.	pieds.	toises.	liv.	liv.	
8	5	5	1	8½	22	0
16	10	10	8	68	88	0
24	15	15	27	219½	198	21½
32	20	20	64	544	352	192
40	25	25	125	1064½	540	524½
48	30	30	216	1836	792	1044
56	35	35	343	2915½	1078	1837½
64	40	40	512	4352	1408	2944
72	45	45	729	6176½	1782	4394½
80	50	50	1000	8500	2200	6300

On a supposé dans cette table le poids de la toile à deux onces le pied quarré; mais comme on peut employer pour les plus petits de ces aréostats une toile moins pesante, & une plus forte pour les plus grands, il faudra alors y avoir égard, en ajoutant ou retranchant au calcul ci-dessus ; c'est-à-dire qu'on retranchera un quart du poids de l'enveloppe pour l'ajouter à la force restante, si la toile ne pese qu'une once & demie le pied quarré, & qu'on ajoutera un cinquieme au poids de l'enveloppe, en le retranchant sur la force restante, si elle pese 1 once & demie; par conséquent l'aréostat de 16 toises cubes pourroit avoir 2 livres de force, & celui qui en contient 512, n'en auroit plus que 2682.

On peut faire des aréostats en papier, & les employer à diverses expériences: le papier étant beaucoup plus léger que la toile, ils peuvent s'élever quoiqu'ils soient d'un petit volume, & ils ont d'ailleurs l'avantage d'être très-peu coûteux. On se sert, à cet effet, du papier léger & point cassant, que l'on nomme *papier Joseph* : ce papier ne pese qu'un gros & demi le pied quarré lorsqu'il est fin, & deux gros lorsqu'il est plus épais : on emploie l'un ou l'autre selon la grandeur de l'aréostat.

A l'égard de la forme qu'on peut leur donner, comme il n'est pas question de les diriger, mais seulement de les enlever le plus haut possible, elle est en quelque sorte indifférente; celle d'un tétraèdre qui est une figure terminée par huit triangles équilatéraux, semble être la plus aisée à exécuter & la plus commode pour pouvoir reployer le tout en un petit volume.

On formera donc avec des feuilles de papier collées par leurs extrêmités, huit triangles équilatéraux (1), qu'on assemblera, comme le désigne la *fig.* 1. *Pl. II*, pour en former un seul morceau, qu'on joindra pour former la *fig.* 2, même Planche; on attachera autour de l'ouverture A des fils-d'archal fort légers, destinés à maintenir cette ouverture & à soutenir un vase de fer blanc ou un petit réchaud fait en grillage, qu'on suspendra à ces fils-d'archal; on prolongera les quatre côtés B avec quatre bandes de papier garnies par le bas de fil-d'archal. Voyez la *fig.* 3, où le tout est exactement représenté.

Pour parvenir à remplir ce Ballon, on se servira avantageusement de la méthode de M. le Marquis de Bullion, en brûlant du charbon dans un fourneau de réverbere surmonté d'un tuyau de tôle, qui entrera dans le Ballon & servira à raréfier l'air qui y sera contenu (2); & lorsqu'il sera prêt d'être

(1) Quatre de ces triangles doivent être coupés parallélement à un de leurs côtés, afin de former une ouverture destinée à introduire la chaleur dans l'intérieur de cet aréostat. Voyez fig. 2.

(2) Pendant cette opération il faut tenir le Ballon suspendu au-dessus du fourneau.

gonflé

gonflé, on y jettera quelque petites buchettes de bois blanc pour faire une flamme prompte & vive qui achévera de le remplir; alors on élevera le Ballon & on y attachera sur le champ le fourneau ou vase dans lequel on aura mis une éponge plate plus ou moins grande, suivant la capacité du Ballon, & imbibée d'esprit-de-vin (1): on allumera cet esprit-de-vin, & on laissera partir le Ballon, qui se soutiendra en l'air jusqu'à ce que tout l'esprit-de-vin soit consommé.

TABLE

De la dimension qu'on peut donner à ces Ballons, & de la force qu'ils ont pour s'élever.

Dimension des côtés des triangles	Capacité intérieure.	Force de l'air écartée.		Poids de l'enveloppe.		Force d'ascension.	
pieds.	toises	liv.	onc.	liv.	onc.	liv.	onc.
6	$\frac{1}{2}$	4	4	1	8	2	12
9	$1\frac{1}{4}$	14	8	3	14	10	10
12	4	34		10	8	23	8

(1) On peut mettre aussi de l'esprit-de-vin dans le vase, afin que la flamme dure plus long-tems.

Comme on doit soustraire de la force d'ascension de ces Aréostats le poids du fourneau, de l'éponge, de l'esprit-de-vin & de tous accessoires autres que le papier, il est aisé de voir qu'il faut que les triangles aient au moins 5 pieds pour leurs côtés ; si on vouloit les faire plus petits, il faudroit employer le papier de serpente qui est encore plus léger que le papier joseph.

APPLICATION

De ces Ballons à l'électricité des nuages.

ON peut, avec ces Ballons en papier, faire des expériences sur l'électricité des nuages, de même qu'avec les cerfs-volans électriques dont on s'est servi jusqu'à présent, par la facilité de les enlever à une plus grande hauteur (1) ; mais comme il est nécessaire de les retenir avec une ficelle mêlée de métal, il faut les lancer dans un tems calme, autrement, aulieu de s'élever perpendiculairement, ils prendroient une direction opposée au vent, qui les rabattroit du côté de la terre en proportion de l'effort qu'il feroit sur eux.

---

(1) Les Aréostats en taffetas, suivant la méthode de MM. Charles & Robert, lorsqu'ils gardent bien le gas, sont encore plus propres pour ces expériences.

On fera donc cabler enſemble pluſieurs fils de trait d'or faux, dont on ſe ſert pour faire les galons, en y joignant deux fils de chanvre, plus ou moins forts, ſuivant la force du Ballon, & on en garnira le tourniquet (*Fig.* 4 & 5, *Pl. II*). Ce tourniquet doit tourner très-librement ſur ſon axe, & cet axe doit être retenu dans une eſpece de fourche de cuivre BCDE: à un des côtés de cette fourche eſt un petit reſſort O, portant un petit bouton qui doit entrer dans un trou fait au tourniquet, & ſervir à l'empêcher de tourner lorſqu'on veut ceſſer de fournir de la ficelle: au bas de cette fourche eſt ſoudée une virole de cuivre G, dans laquelle eſt maſtiqué un rouleau de verre qui doit ſervir à iſoler la corde: à l'autre extrémité eſt auſſi maſtiquée une autre virole H, garnie d'une vis propre à fixer cet appareil ſur une canne qu'on enfonce en terre.

On ajuſtera à l'extrémité de cette ficelle un fil de laiton pointu par ſes deux bouts, & reployé comme l'indique la *fig.* 6; on attachera la ficelle à l'anneau A, & un cordon de ſoie à celui B; l'autre extrémité du cordon doit être attaché au Ballon.

Lorſque le Ballon ſera gonflé & prêt à

s'élever, on y attachera le cordon de ſoie; & on lévera le petit reſſort, afin que la ficelle puiſſe ſe dévider promptement & d'elle-même : ſi l'on veut retenir le Ballon à une certaine hauteur, on lâchera le reſſort pour ceſſer de fournir de la ficelle, & on enfoncera la canne en terre à une profondeur ſuffiſante pour que le Ballon ne puiſſe pas l'enlever. On peut faire avec cet appareil les mêmes expériences qu'avec le cerf-volant électrique, ſoit pour tirer des étincelles, allumer l'air inflammable dans les piſtolets de Volta, charger des bouteilles, examiner ſi l'électricité des nuages eſt en plus ou en moins, &c.

CONSTRUCTION

Des Aréoſtats ſuivant la méthode de MM. Charles & Robert.

Les aréoſtats dont on a donné ci-deſſus la conſtruction, n'exigent pas que leur enveloppe ſoit abſolument impénétrable à l'air. Le feu qu'on emploie & qu'on renouvelle continuellement eſt ſuffiſant pour entretenir l'air intérieur dans l'état de raréfaction néceſſaire pour ſoutenir leur aſcenſion; mais il n'en eſt pas de même de ceux-ci, ils exigent que l'enveloppe ſoit de nature à ne

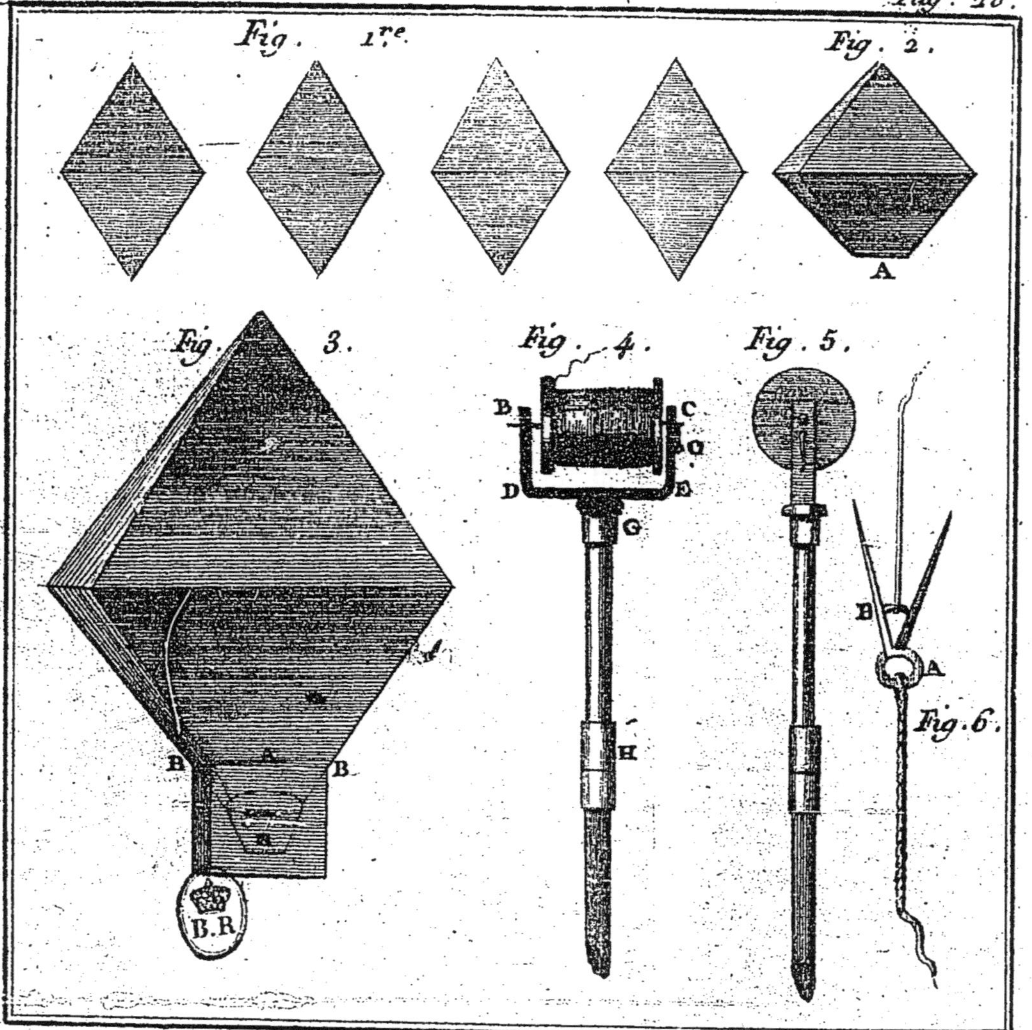

Fig. 1.re
Fig. 2.
A
Fig. 3.
B
A
B
B.R.
Fig. 4.
B
C
G
D
E
G
H
Fig. 5.
B
A
Fig. 6.

pas laiſſer échapper l'air inflammable dont on les remplit : ceux exécutés par MM. Charles & Robert étoient de taffetas enduit d'un vernis fait avec la gomme élaſtique (1). On peut également préparer le taffetas avec le vernis gras à la gomme-copale ; mais comme ce vernis eſt ſouvent un peu caſſant lorſqu'il eſt tout-à-fait ſec, il faut y mêler de l'huile de lin rendue ſiccative par la chaux de plomb.

Le taffetas, ainſi préparé, peſe quatre, cinq à ſix gros le pied quarré ; & c'eſt d'après ce poids & celui de l'air inflammable, qui eſt à l'air atmoſphérique environ comme 4 eſt à 5, qu'il faut déterminer la grandeur de ces ſortes d'aréoſtats, eu égard à l'uſage qu'on en veut faire & au poids qu'ils doivent ſupporter. Pour les aréoſtats de quatre à cinq

(1) Pour faire ce vernis, on met dans un matras à long col, & placé ſur un bain de ſable, parties égales d'eſprit de térébenthine & de gomme élaſtique, coupée par petits morceaux, en obſervant de mettre cette gomme par petites parties & à meſure qu'elle ſe diſſout ; étant fondue, on y verſe autant d'huile de lin rendue ſiccative avec la chaux de plomb, & on laiſſe bouillir le tout pendant 15 à 20 minutes : deux couches de ce vernis ſuffiſent pour préparer le teffetas, lorſqu'on l'étend bien également. Si l'on fait cette préparation en hiver, il faut faire tiédir le vernis.

pieds, on peut employer le taffetas qu'on nomme ſimple Florence; pour ceux de ſix à ſept pieds, le double Florence; & pour les grandeurs au-delà, celui d'Angleterre. (1)

TABLE

De la dimenſion & de la force d'aſcenſion de ces Aréoſtats, en ſuppoſant qu'on leur donne la forme ſphérique.

Diamètre.	Surface en pieds quarrés.	Solidité en pieds cubes.	Pression de l'air atmoſphérique.		Poids de l'aréoſtat.		Force reſtante.	
pieds.	pieds.	pieds.	liv.	onc.	liv.	onc.	liv.	onc.
4	50	33	2	8	1	15		9
4½	63	45	3	8	2		1	8
5	78	66	5	2	2	7	2	11
5½	95	87	6	12	3		3	13
6	113	113	8	13	4	7	4	6
7	154	180	14	1	6		8	1
8	201	268	20	15	9	7	11	8
10	314	524	40	15	14	11	26	4
12	452	905	70	11	21	4	49	7
14	616	1437	110	11	29	14	80	13
16	804	2145	167	9	37	8	130	1
18	1018	3054	238	9	47	11	190	14
20	1257	4190	327	5	58	14	268	7
24	1810	7241	565	1	84	14	480	3
28	2464	11498	898	4	115	8	782	12
32	3216	17160	1386	6	150	12	1235	10

(1) Si on veut des aréoſtats qui aient moins de 4 pieds de diamètre, il faut les faire en Baudruche.

On a ſuppoſé, dans la Table ci-deſſus, que le taffetas préparé pour les aréoſtats au-deſſous de 6 pieds, ne doit peſer que 4 gros le pied quarré; pour ceux de 6 à 8 pieds, 5 gros; & pour ceux au-delà, 6 gros. Il eſt donc aiſé de voir que 4 pieds de diamètre eſt la plus petite dimenſion qu'on peut donner à ces aréoſtats; & même avec cette grandeur, ils ont encore très-peu de force, parce qu'il faut en outre ajouter à la force indiquée dans la Table, le poids du fil, des coutures & du tuyau; & comme l'air inflammable tiré du zinc eſt d'un neuvieme plus léger que celui tiré de la limaille, il y auroit quelque avantage à s'en ſervir.

Pour donner à ces Ballons la forme ſphérique, il faut tailler par fuſeaux le taffetas gommé dont on veut ſe ſervir, de même que ſont taillées les portions de cartes géographiques dont on ſe ſert pour couvrir les globes terreſtres. Pour y parvenir, on commencera par déterminer la grandeur de l'aréoſtat qu'on veut conſtruire, & le nombre des fuſeaux dont on doit le compoſer, qui peut être de 24 pour ceux de 4 à 5 pieds; de 32 pour ceux de 6 à 7 pieds; de 40 pour ceux de 8 à 10; & de 48 pour ceux de 12 à 16 pieds, &c. à moins qu'on ne ſoit obligé d'en mettre plus ou moins pour ménager le taffetas & éviter la perte qui se trouveroit en le coupant; on le ménage davantage lorsqu'on fait les fuseaux de deux morceaux, attendu qu'on peut alors entre-tailler en les coupant.

Pour avoir la forme des fuseaux, décrivez le demi-cercle ABC (*fig.* 2. *Pl. III*), dont le diamètre AC soit égal à celui de l'aréostat, & élevez à son centre D la perpendiculaire DB, divisez les arcs AB & BC en 6 parties égales, si vous avez réglé à 24 le nombre des fuseaux, ou en huit parties s'il doit être de 32; tirez ensuite les parallèles *dd*, *ee*, *ff*, *gg*, *hh*, partagez l'arc AD en deux parties égales, & tirez du centre D le rayon D *o*, transportez les longueurs des lignes E*h*, F*g*, G*f*, H*e* & I*d* sur la ligne D*o*, à commencer du centre D, & décrivez les arcs *h* 5, *g* 4, *f* 3, *e* 2 & *d* 1.

Tracez la ligne AB (*fig.* 3) égale à l'arc AD de la *fig.* 2 afin de déterminer la longueur de vos demi-fuseaux, & tirez les deux parallèles CD & EF, distantes de celle AB de la longueur de l'arc A *o* (*fig.* 2) & divisez le tout en six parties égales, par les parallèles 1, 2, 3, 4, 5, 6; portez ensuite la longueur de l'arc *d i* (*fig.* 2), de part &

d'autre ſur G *i* (*fig.* 2), celle de l'arc *e* 2, de part & d'autre ſur *h* 2, & ainſi des autres arcs.

Tracez enſuite & faites paſſer les courbes GB & EB par tous ces points de diviſion, afin d'avoir l'eſpace CBE, qui ſera la moitié du fuſeau dont vous ferez un modele en bois ou en carton pour vous ſervir à tailler votre taffetas (1); vous en retrancherez à l'extrêmité B environ un pouce, afin d'éviter la multiplicité des coutures en un même point, & vous ménagerez de deux côtés une ouverture circulaire, que vous fermerez d'une part avec un cercle de taffetas, au centre duquel ſera attaché un ruban deſtiné à ſoutenir l'aréoſtat, & de l'autre part un ſemblable cercle garni d'un tuyau, auquel vous adapterez un robinet de cuivre ou de bois ſeulement, ſi vous avez beſoin de légéreté.

Lorſque tous les demi-fuſeaux ſeront taillés, on les fera coudre l'un au bout de l'autre à points ſerrés, & on les couſera enſuite les uns à côté des autres en entremêlant leur couleur, ſi, pour donner plus d'agrément à

(1) Il faut laiſſer deux ou trois lignes de plus ſur la largeur des fuſeaux, pour ce que prennent les coutures.

l'aréoſtat, on les a fait de deux couleurs ; on finira par coudre aux deux côtés oppoſés les deux cercles ci-deſſus.

Avant de fermer totalement l'aréoſtat, il faudra enduire intérieurement les coutures de gomme élaſtique, & laiſſer ſécher; étant ſec & fermé, on le ſuſpendra & on le gonflera par le moyen d'un ſoufflet à deux vents de grandeur ſuffiſante, qu'on ajuſtera exactement au tuyau ou robinet ; & comme le vernis à la gomme élaſtique appliqué intérieurement ſur les coutures, ne ſera pas ſuffiſant pour boucher tous les petits trous des aiguilles, on réitérera cette opération en dehors pendant qu'on le tiendra gonflé ; ſi malgré cela il ne conſerve pas parfaitement l'air, on mettra du vernis par-tout où on s'appercevra qu'il peut s'en échapper. On doit s'attendre néanmoins que, malgré toutes ces précautions, l'aréoſtat perdra toujours un peu, n'étant guere poſſible qu'il n'y reſte pas beaucoup de petits trous imperceptibles par où l'air peut s'échapper. Cet inconvénient eſt peu de choſe pour les Ballons qu'on lance en liberté, puiſqu'il eſt même néceſſaire qu'étant remplis d'air inflammable, il s'en échappe à meſure qu'ils montent dans l'atmoſphère, ſans quoi ils pourroient faire exploſion.

Aréostats en peau de Baudruche.

La peau de baudruche eſt très-propre à faire des aréoſtats, depuis 9 pouces juſqu'à 4 pieds de diamètre ; on la prépare en l'étendant ſur des planches ; il faut qu'elle ſoit double ; on la taille par fuſeau, & on les joint avec la colle de poiſſon ; on y ajuſte un tuyau de même matiere ou un robinet très-léger, s'ils ſont de de 2 à 3 pieds de diamètre ; pour leur faire prendre une belle forme on les mouille lorſqu'ils ſont gonflés, & on les laiſſe ſécher en cet état : ces petits Ballons s'enlevent très-bien, & il en coûte peu pour les remplir, lorſqu'ils n'ont pas plus de deux pieds.

Appareil

Deſtiné à remplir d'air inflammable les Aréoſtats.

Ayez un vaſe cylindrique de fer-blanc de 4 à 5 pouces de diamètre & de 10 à 12 pouces de hauteur AB (*fig. 3. Pl. III*), ouvert en ſa partie ſupérieure A. Faites ſouder ſur ſon fond B un tuyau de fer-blanc C de 10 à 12 lignes de diamètre & de 15 à 18 pouces de longueur, qui excede de 2 pouces le fond D ; que ce tuyau ſoit recourbé vers E &

puiſſe entrer & s'ajuſter en E & F dans un autre tuyau recourbé G.

Ce deuxieme tuyau doit entrer de 2 pouces de longueur dans un autre cylindre de fer-blanc H de 4 à 5 pouces de diamètre & autant de hauteur, cette boîte doit avoir en I un robinet pour laiſſer ſortir l'eau qui doit y être contenue. L eſt un autre tuyau de même groſſeur ſoudé également dans cette boîte & attachée par un lien en M. Ce tuyau peut être un tube de verre afin qu'on puiſſe voir monter l'air inflammable. N eſt un tuyau ſéparé qui s'ajuſte dans celui L (1).

Ayez une eſpece de baril plat O de 12 à 15 pouces de diamètre & de 6 à 7 pouces de hauteur, percé en ſa partie ſupérieure de deux trous l'un pour faire entrer l'excédent Q du tuyau C, & l'autre P pour y introduire la limaille de fer & l'eſprit de vitriol au moyen de l'entonnoir de verre R (*fig. 4*).

Lorſqu'on voudra remplir d'air inflammable un aréoſtat, il faut jeter dans le baril &

---

(1) La dimenſion de cet appareil eſt ſuppoſée pour de petits aréoſtats juſqu'à 3 à 4 pieds au plus; & il faut le faire beaucoup plus grand pour les aréoſtats au-deſſus de cette grandeur, & ajuſter un robinet au tuyau N, s'il n'y en a pas un à l'aréoſtat.

par le trou P, une quantité de limaille proportionnée à sa grosseur, c'est-à-dire trois ou quatre onces par pieds cubes, & remuer le baril en tous sens afin qu'elle se répande de tous côtés sur son fond. On placera ensuite sur ce baril l'appareil ci-dessus en observant de garnir avec du mastic de Vitrier, le trou dans lequel doit entrer l'extrêmité inférieure du tuyau C; on versera ensuite de l'eau dans le cylindre H, de maniere que l'extrêmité inférieure du tuyau G s'y trouvant plongée, que l'air inflammable passe à travers l'eau avant d'entrer dans l'aréostat. On attachera au tuyau M le col de l'aréostat, qu'on aura eu soin de vider d'air atmosphérique, & que l'on soutiendra par son cordon; on examinera exactement si cet appareil ne laisse pas échapper l'air, & on versera par le trou P de l'esprit de vitriol concentré environ le double du poids de la limaille qu'on y aura mis; on y ajoutera trois fois autant d'eau, ayant soin d'ôter aussi-tôt l'entonnoir & de boucher exactement le trou P. Lorsque tout l'air inflammable que peut produire la dissolution sera entré & aura gonflé l'aréostat (1), on fermera son col, soit

(1) Si l'aréostat n'est point entiérement rempli, on introduira une seconde fois dans le baril de la

en le liant, ſoit en tournant ſon robinet; on le laiſſera enſuite s'enlever, ſoit à ballon perdu, ſoit en le retenant avec une ficelle dont la réſiſtance ſoit égale à la force avec laquelle il doit monter. Il faut faire attention à ne pas remplir entiérement l'aréoſtat, ſur-tout s'il perd peu, afin que venant à ſe trouver dans un air plus raréfié, celui qui y eſt contenu ne vienne à ſe dilater ſuffiſamment pour le faire crever: ſi l'aréoſtat ne conſerve pas bien l'air, cette précaution ne ſera pas néceſſaire.

On peut avec ces aréoſtats, & même avec les plus petits, faire des expériences ſur l'électricité des nuages plus commodément qu'avec ceux en papier dont on a parlé ci-devant.

CONSTRUCTION

Des Aréoſtats à air inflammable propres à s'élever dans l'air & à s'y diriger.

AU LIEU de donner à ces Ballons la forme ſphérique, il faut leur donner celle d'un œuf

---

limaille, de l'acide vitriolique & de l'eau en quantité ſuffiſante pour le gonfler; mais ſi l'aréoſtat a 4 pieds ou plus, il faudra le remplir à pluſieurs repriſes & avec un plus grand appareil.

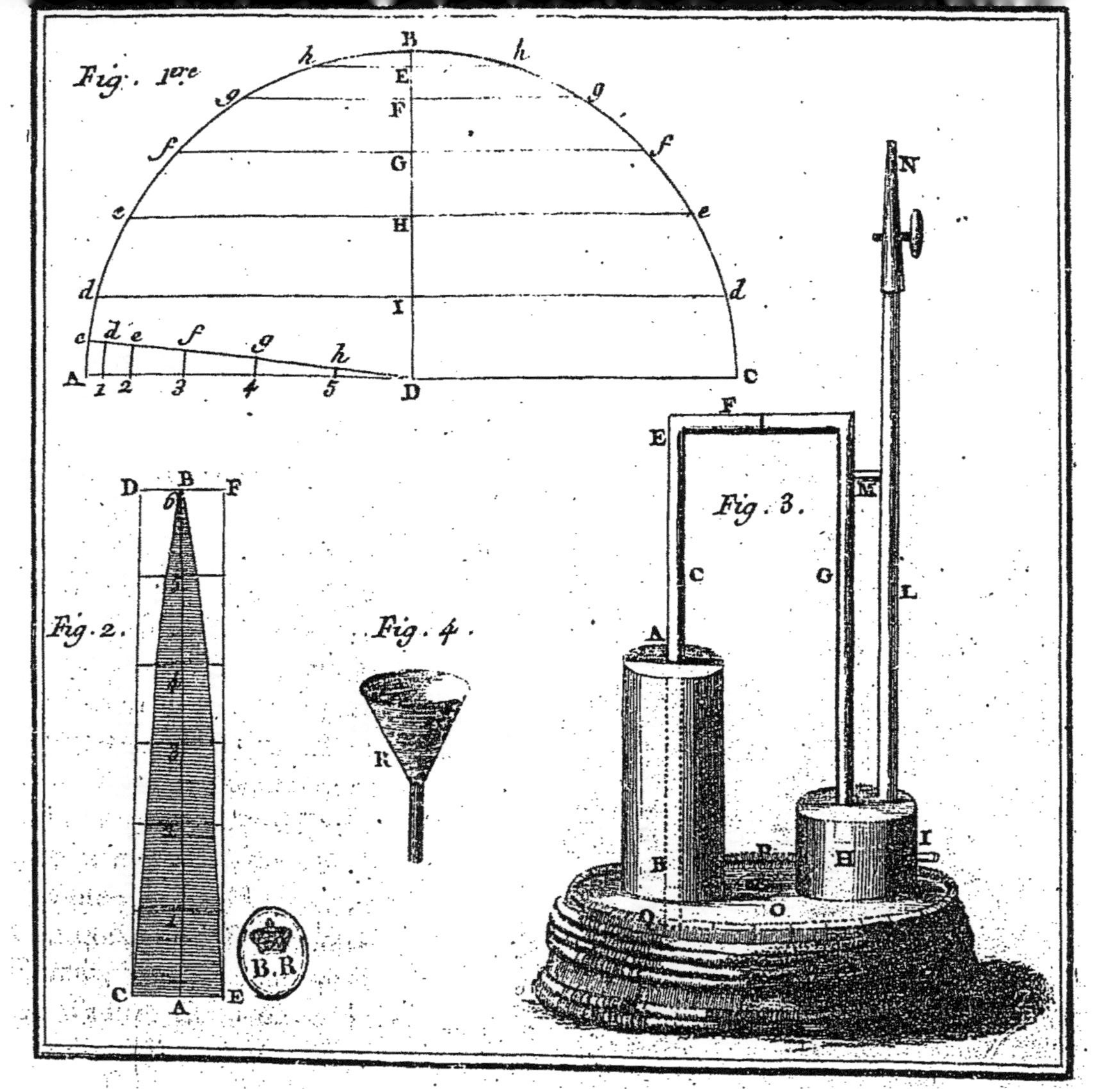
Fig. 1ere
Fig. 2.
Fig. 3.
Fig. 4.
B.R

fort alongé vers sa pointe (*fig.* 2. *Pl. IV*), & le disposer de maniere que son grand axe AB soit, lors de son ascension, dans une situation horizontale. On suspendra au-dessous la petite nacelle CD, qui sera retenue dans une situation horizontale par les cordeaux *eee*; ces cordeaux seront attachés à un cercle E, qui fera le tour de l'aréostat & sera lui-même soutenue par un filet qui couvrira sa partie supérieure; ce filet, employé par MM. Charles & Robert, est très-avantageux pour suspendre la nacelle sans que son poids, qui agit alors sur toutes les parties, puissent déchirer le Ballon. On fixera solidement à l'extrémité C de ~~cet aréostat~~, une perche F, sur laquelle sera mobile la voile MN, de même qu'il a été expliqué ci-dessus, & on y ajoutera quatre cordeaux, afin que le Pilote puisse donner à cette voile l'inclinaison qu'il jugera convenable, pour s'écarter de la direction que le vent donnera à cet aréostat, qui, ainsi que celui dont il a été question ci-devant, doit naturellement présenter au vent le côté B qui se termine en pointe; cet aréostat étant poussé par deux forces qui agissent sur lui & sur la voile en sens différens, sera nécessairement conduit de côté ou d'autres de la direction du vent, comme on l'a déjà expliqué: mais comme cela ne suffit pas pour le faire aller selon une ligne perpendiculaire à celle que suit le vent, on peut ajouter à cette nacelle deux rames brisées dans la forme ci-après.

Soit AB *fig.* 2. une tringle de bois sur laquelle on attachera à charniere deux chassis légers & solides, couverts de toile ou de taffetas C & D, disposés de maniere qu'ils ne puissent se replier que d'un seul côté, afin que ne pouvant agir sur l'air que d'un seul sens, ils imitent, par ce moyen, l'effet des rames ordinaires qu'on est obligé d'élever à chaque coup au-dessus de l'eau, sans quoi on rameroit inutilement.

Deux rames ainsi construites, jointes à la voile ci-dessus, faciliteront beaucoup la direction qu'on voudra donner à l'aréostat, en se servant tantôt de l'une, tantôt de l'autre, pour aller avec le moyen de la voile à droite ou à gauche de la direction du vent, selon la route qu'il conviendra prendre.

Ces mêmes aîles pourront aussi, en les employant ensemble & dans un sens convenable & vertical, faire monter ou descendre plus ou moins vîte l'aréostat, attendu que dans leurs mouvemens, si la partie qui se ploye est tournée vers la terre ; en agissant elles le forceront à descendre, si au contraire elle est

tournée

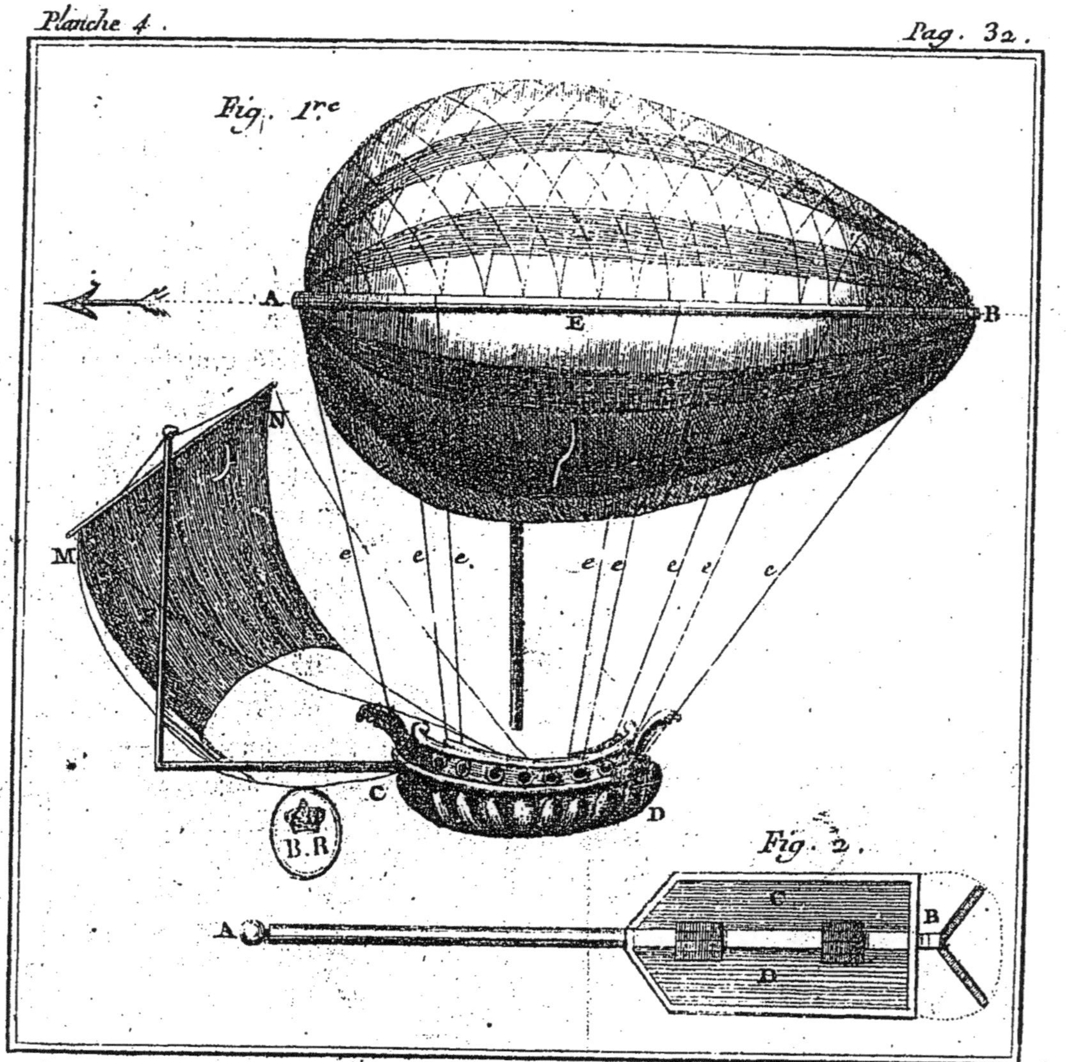
Fig. 1re
A
B
E
N
M
e e e. e e e e e
C
D
B.R
Fig. 2.
A
B
C
D

tournée vers le ciel, elles aideront un peu à le faire monter; & comme il faut un point d'appui pour faire agir un lévier, la force d'ascension du globe en tiendra lieu, particuliérement lorsqu'on voudra le faire descendre (1).

On a porté, dans la table qui précede, la dimension de ces aréostats seulement jusqu'à 30 pieds de diamètre, & ce seroit une chose très-difficile d'entreprendre d'en remplir de plus grands avec l'air inflammable : on peut assurer qu'un aréostat de 100 pieds de diamètre, ne pourroit jamais être rempli; ce seroit le seau des Danaïdes, qui fuiroit à mesure & peut-être en même quantité qu'il seroit possible d'en faire entrer. On a déjà beaucoup de peine à y réussir lorsqu'ils ont 25 pieds de diamètre, & qu'ils ne contiennent que la huitieme partie de ce qu'ils contiendroient s'ils en avoient 100.

On consomme à peu-près pour chaque pied cube d'air inflammable 6 onces d'acide vitrio-

---

(1) Si le Ballon ne tendoit pas à s'élever de lui-même, le mouvement qu'on donneroit à ces rames seroit inutile, parce qu'alors il n'y auroit pas de point d'appui; & c'est par cette raison que le bateau-volant de M. Blanchard n'auroit jamais pu s'élever sans le secours d'un aréostat.

lique & 4 onces de limaille; si dans un Ballon de 32 pieds seulement on en faisoit entrer 200 pieds par heure, il faudroit 86 heures de travail continuel pour l'emplir, & comme il perdroit au moins 20 pieds cubes par heure sur-tout dans le dernier tems, ce seroit encore près de 2000 pieds cubes à remplir qui employeroient, en outre, 10 heures de tems. Il est aisé de voir qu'un pareil aréostat seroit 6 jours à être rempli & mis en état de servir; encore faudroit-il en faire usage pour ainsi dire aussi-tôt, sans quoi il en faudroit toujours ajouter.

FIN.

Lu & approuvé, le 23 Avril 1784. DE SAUVIGNY.

Vu l'Approbation, permis d'imprimer, ce 24 Avril 1784. LENOIR.

PRIX DES BALLONS

Qui se trouvent chez l'Auteur, rue du Faubourg Saint-Martin ; vis-à-vis l'Hôtel des Arts.

BALLONS EN BAUDRUCHE.

	liv.	f.
De 9 pouces	3	10
De 12	4	10
De 15	6	
De 18	19	
De 21	16	
De 24	24	
De 30	36	
De 36	48	
De 42	60	

ARÉOSTATS EN TAFFETAS.

De 4 pieds	72
De 4 ½	90
De 5	108
De 5 ½	130
De 6	160
De 7	240
De 8	350
De 10	500
De 12	800

Appareils pour remplir les Aréostats.

Petits	12
Moyens	15
Grands	18
Appareil pour l'électricité des nuages	12

On trouve chez l'Auteur,

Les Récréations physiques & mathématiques ; en 8 parties *in*-8.° avec Planches colorées, ainsi que tous les Appareils & Pieces d'amusement qui y sont décrits.

www.ingramcontent.com/pod-product-compliance
Ingram Content Group UK Ltd.
Pitfield, Milton Keynes, MK11 3LW, UK
UKHW012116240726
13965UKWH00004B/1793

9 782013 467605